BEI GRIN MACHT SICH IHR WISSEN BEZAHLT

- Wir veröffentlichen Ihre Hausarbeit, Bachelor- und Masterarbeit

- Ihr eigenes eBook und Buch - weltweit in allen wichtigen Shops

- Verdienen Sie an jedem Verkauf

Jetzt bei www.GRIN.com hochladen und kostenlos publizieren

Michaela Pohl

Nachhaltige Ernährung am Beispiel der Vollwert-Ernährung

GRIN Verlag

Bibliografische Information der Deutschen Nationalbibliothek:

Die Deutsche Bibliothek verzeichnet diese Publikation in der Deutschen National-
bibliografie; detaillierte bibliografische Daten sind im Internet über http://dnb.d-
nb.de/ abrufbar.

Impressum:

Copyright © 2014 GRIN Verlag GmbH
Druck und Bindung: Books on Demand GmbH, Norderstedt Germany
ISBN: 978-3-656-70762-2

Nachhaltige Ernährung am Beispiel der Vollwert-Ernährung

Inhaltsverzeichnis

Abbildungsverzeichnis

1. Einleitung

Mit dem Begriff der Nachhaltigkeit wird derzeit inflationär umgegangen. Beim Lesen von Fachliteratur, diversen Zeitschriften stellt sich heraus, dass es kaum einen Bereich gibt, der nicht „nachhaltig" ist. Firmen werben ganz allgemein mit Nachhaltigkeit, es gibt nachhaltige Unternehmensberatungen und der Einzelhandel wirbt mit nachhaltigen Lebensmitteln, einer nachhaltigen Firmenphilosophie oder formuliert dies über den Begriff der Verantwortung (www.rewe.de, www.edeka.de, 27.04.2014). In Fachzeitschriften der Gemeinschaftsverpflegung, wie GV-Kompakt, wird von Lehmann (2014, S. 8-17), von einer Preisverleihung für Nachhaltigkeit in der Außer-Haus-Verpflegung berichtet. Es werden jeweils Preise im Sinne von Nachhaltigkeit für Klima, Wasser, Fair Trade/soziale Verantwortung, Ökologie, Energie und für Unternehmenskonzepte vergeben. In der Region Fulda wird *Grüner Hase Das Magazin – Auf der Suche nach gesundem und nachhaltigem Leben in unserer Region* (1/2014, S. 14-15) aufgelegt, das verschiedene Lebensbereiche abdeckt. Ein Artikel befasst sich mit *fair, ethisch und ökologisch: Grüne Banken.* Wie die jeweilige „Nachhaltigkeit" gemeint ist, geht nicht immer aus den Erläuterungen hervor bzw. werden nur Teile der in dieser Arbeit beschriebenen Nachhaltigkeit hervorgehoben und viele Aspekte nicht im Zusammenhang gesehen.

In dieser Arbeit soll speziell auf Nachhaltigkeit in Bezug auf Ernährung eingegangen werden und wie diese umgesetzt werden könnte. Grundlage ist die Vollwert-Ernährung, die die Nachhaltigkeit bereits berücksichtigt. Es soll geklärt werden in wie weit sich diese in der heutigen Zeit, in der Essen zu nahezu jeder Tages- und Nachtzeit verfügbar ist, umsetzen lässt. Einer Zeit in der die Speisenzubereitung immer weniger zu Hause stattfindet und Lebensmittel aus aller Herren Länder verfügbar sind.

2. Begriffsbestimmung Nachhaltigkeit

Veith in Heimbach-Steins (2004[1], S. 302) stellt fest, das Nachhaltigkeit ein Leitbild für eine gesamtgesellschaftliche Entwicklung ist. Er ergänzt Nachhaltigkeit mit „nachhaltiger Entwicklung" und schreibt weiter, dass dieses Leitbild „...*zugleich die sozialen, ökologischen und ökonomischen Erfordernisse in modernen Gesellschaften*" berück-

---

[1] Im weiteren Verlauf wird Veith mit dem Ausgabejahr 2004 des Buches von Heimbach-Steins als Herausgeberin zitiert.

sichtigt und „...*durch deren entsprechende Vernetzung eine globale Entwicklung, die den gegenwärtigen und künftigen Generationen gerecht werden soll...* " fördert. Den Begriff „nachhaltige Entwicklung" führt er als Übersetzung von „sustainable development" als sinnvolle Übersetzung an. Er begründet dies damit, dass sich das Adjektiv „nachhaltig" seit dem 18. Jahrhundert im allgemeinen Sprachgebrauch befindet und so viel bedeutet wie „lange nachwirkend" und „stark". Es steht, so Veith, im Zusammenhang mit „nachhalten", das im Sinne von „andauern" und „wirken" gebraucht wurde und einen zukünftigen Zeitbezug aufweist. Er schreibt weiter, dass für das Sozialprinzip der Nachhaltigkeit die Verknüpfung von drei normativen Grundelementen wesentlich ist:

1. Die Entdeckung der Natur bzw. der natürlichen Lebensbedingungen des Menschen als sozialethisch relevante Größe.
2. Die Vernetzung der ökologischen, ökonomischen und sozialen Problemfelder der Gesellschaft.
3. Die Berücksichtigung der Forderungen intergenerationeller Gerechtigkeit.

2.1 Perspektive der Sozialethik

Die Sozialethik, so Veith (2004, S. 303) reagiert mit der Zuordnung der Nachhaltigkeit zu den traditionellen Sozialprinzipien (Personalität, Solidarität, Gemeinwohl, Subsidiarität) auf die Problemkonstellation der globalen ökologisch-sozialen Krise der modernen Gesellschaften. Zu deren Ursachen zählt Veith einen defizitären Umgang mit der Natur und die mangelnde Vernetzung von ökonomischen, ökologischen und sozialen Faktoren.

Im Zuge der zunehmenden Industrialisierung wird die Natur zum Rohstofflieferanten, zur Ressource oder zum Material, das in scheinbar perfekten Verfahrensweisen ge- und verbraucht wird. Der Mensch durchdringt die Welt in einer Art technischer Vernunft, die zwar sein Überleben sichert, die aber wegen ihres begrenzten Horizonts die Gesamtvernetzung der menschlichen Existenz noch nicht erkennt oder entsprechend ausblendet. Beck, so Veith, hat die heute erkennbare Transformation dieser „klassischen" Industriegesellschaft mit dem Begriff der industriellen „Risikogesellschaft" erfasst. So gehen die vorrangigen Gefährdungen nicht mehr allein von den Risiken oder Unfällen industrieller Entwicklungen aus, die ihre Zerstörungen in örtlich, zeitlich oder sozial *begrenzten* Lebensräumen des Menschen entfalten, vielmehr hat das Drohpotential heute einen weitestgehend *unbegrenzten* Charakter. Veith schreibt weiter, dass die ökologischen oder auch biotechnologischen Entwicklungen *gegenwärtige* globale Risiken erzeugen, die darüber hinaus die Existenzbedingungen auch *künftiger* Generationen fundamental mitbestimmen.

Folgenden Merksatz formuliert Veith (2004, S. 305) in diesem Zusammenhang:

„In der klassischen Industriegesellschaft waren die Gefährdungen menschlicher Existenzbedingungen weitgehend örtlich, zeitlich und sozial begrenzt. In der Risikogesellschaft hingegen stellt die synchrone und diachrone Struktur der Gegenwartsprobleme das (Selbst-)Gefährdungspotential für gegenwärtige und künftige Generationen dar. "

2.2 Politische Ebene

Seit den 1990er Jahren greift die Politik die Problemlage der modernen Gesellschaft auf und versucht ihr mit der Ausrichtung an dem Leitbild des „sustainable development" zu begegnen. Die deutsche Übersetzung ergibt, nach Vogt (1998) so Veith (2004), verschiedene Möglichkeiten der Interpretation bzw. eine Akzentuierung des Sustainability-Konzepts. Einmal „sustainable" im Sinne von „dauerhaft", zukunftsfähig" oder „zukunftsverträglich", das die Relevanz der *zukünftigen* Folgen heutigen Handelns betont. Des Weiteren im Sinne von „tragfähig" oder „nachhaltig", welches die *ökologische* Dimension von Entwicklung betont. Veith sieht darin eine bislang vorhandene konzeptionelle Unschärfe des Leitbildes und damit einen theoretischen Klärungsbedarf, der sich im Deutschen auf den Begriff der „nachhaltigen Entwicklung" konzentriert.

Im Rahmen der Konferenz der Vereinten Nationen für Umwelt und Entwicklung in Rio de Janeiro (1992) wurde ein Aktionsprogramm für das 21. Jahrhundert („Agenda 21") vorgelegt, das anhand detaillierter Handlungsaufträge zu nationalen Nachhaltigkeitsstrategien und Aktionsplänen aufruft. Folgende Strukturmomente des *Sustainability*-Konzepts lassen sich aufzeigen:

1. Nachhaltige Entwicklung basiert auf einer weltweiten *Vernetzung* von - scheinbar getrennt agierenden – gesellschaftlichen Teilsystemen. Dabei sind jeweils die ökologischen, ökonomischen und sozialen Prozesse in Beziehung zu setzen und hinsichtlich ihrer gegenseitigen Aus- und Wechselwirkungen zu korrigieren.

2. Durch Ressourcenschonung bzw. durch die Berücksichtigung der Tragekapazität der Natur ist das *Ökosystem* der Erde zu erhalten, zu schützen und wiederherzustellen.

3. Als Gebot *globaler* Solidarität sind insbesondere die Bedürfnisse der Entwicklungsländer zu beachten, wobei im Mittelpunkt die Beseitigung von Armut und die Verringerung ungleicher Lebensstandards stehen.

4. Unter Rücksicht *inter*generationeller Gerechtigkeit sind nicht nur die ökologischen, ökologischen und sozialen Bedürfnisse der heutigen, sondern auch der *künftigen* Generationen zu achten.

Korff führte 1989, so Veith, das Prinzip der Gesamtvernetzung oder *Retinität* in den sozialethischen Diskurs ein und damit wurde das Leitbild der Nachhaltigkeit präzisiert. Getragen wird das Retinitätsprinzip von der Erkenntnis, dass der dynamische Prozess menschlicher Entwicklung sich nicht isoliert auf einzelne gesellschaftliche Teilsysteme bzw. auf die Kulturwelt stützt, sondern zugleich auf die sie tragende Natur. Retinität fordert im Sinne eines normativen Prinzips die „dynamische Stabilisierung der komplexen Mensch-Umwelt-Zusammenhänge" und zwar durch Vernetzung von ökologischen, ökonomischen und sozialen Prozessen.

Im Konzept der Nachhaltigkeit, so Veith (2004) wird die Solidarität nicht nur für die gegenwärtige Generation bezogen, sondern schließt die Verantwortung für die kommenden Generationen mit ein.

2.3 Christliche Perspektive

Ein christlicher Bezug der Nachhaltigkeit lässt sich über Gen 1,26-18; 2,15 herstellen, aus dem sich die Pflicht des schonenden, haushälterischen und bewahrenden Umgangs mit der geschöpflichen Welt ableiten lässt. Veith (2004, S. 310) schreibt, dass dem biblischen Schöpfungsverständnis kein modernes ökologisches Ethos unterstellt wird. Eine eschatologische Dimension der Schöpfungsverantwortung lasse sich über den Bund Gottes mit Noah (Gen 6-9), die Vision vom messianischen Friedensreich (Jes 11, 1-9) und den unvollendeten Prozess der Schöpfung ein Zusammenhang von sozialem Völker- und Schöpfungsfrieden erkennen. Aus christlicher Perspektive ergeben sich folgende Kriterien, bei den denen der Schlüsselbegriff die Verantwortung ist, die vor

Gott und in den Grundrelationen des Menschen, also für sich selbst, für seine soziale Mitwelt und für seine naturale Umwelt zu übernehmen ist.

1. Umweltverträglichkeit

   zielt auf die Sicherung naturaler Ressourcen, da diese einerseits dem Menschen als Existenzgrundlage dienen und ihnen andererseits auch eine gewisse Eigenbedeutung zukommt.

2. Sozialverträglichkeit

   menschlichen Handels orientiert sich an Solidarität und Gemeinwohl, wobei auch dabei die intra- und intergenerationellen Perspektiven zu berücksichtigen sind.

3. Individualverträglichkeit

   thematisiert die Sorge des Menschen für sich selbst, welche sich in der Verwirklichung eigener Bedürfnisse und in einem gelingenden Leben konkretisiert.

Zusammenfassend lässt sich sagen, dass sich Nachhaltigkeit aus verschiedenen Perspektiven betrachten lässt. Einer christlichen Perspektive, der es um die Bewahrung der geschöpflichen Welt und die Verantwortung für jetzige und zukünftige Generationen geht; einer ökologischen Perspektive, die naturale Ressourcen sichern und erhalten möchte; einer sozialen Perspektive, die sich an der Solidarität und dem Gemeinwohl, für jetzige und zukünftige Generationen orientiert und dabei insbesondere die Bedürfnisse der Entwicklungsländer beachtet; einer ökonomischen Perspektive, die sich mit der Einkommensverteilung, der Lebensmittelüberproduktion, der Lebensmittelproduktion an sich und ähnlichen Themen befasst.

2.4 Modelle der Nachhaltigkeit

Nachhaltigkeit wird in unterschiedlichen Modellen dargestellt, dazu hören das Trichtermodell, Drei-Säulen-Modell, Nachhaltigkeitsdreiecke, Pyramidenmodelle oder sich überlappende Kreise. Da Leitzmann (2011) als Mitgeründer der Vollwert-Ernährung das Drei-Säulen-Modell in seinem Vortrag vorgestellt hat, soll dieses kurz erläutert werden.

2.4.1 Drei-Säulen-Modell der Nachhaltigkeit

1997 wurden von der EU in ihrem Vertrag von Amsterdam explizit drei Säulen der Nachhaltigkeit formuliert.. Nachhaltigkeit umfasst danach nicht nur das Naturerbe, sondern auch wirtschaftliche Errungenschaften, soziale und gesellschaftliche Leistungen. Zu den gesellschaftlichen Leistungen gehören demokratische und eine gerechte Einkommensverteilung (www.nachhaltigkeit.info.de, 02.05.2014). Es soll ein Ausgleich zwischen den Interessen geschaffen werden.

Abbildung 1: Drei-Säulen-Modell der Nachhaltigkeit, Spindler; Geschichte der Nachhaltigkeit; www.nachhaltigkeit.de

Leitzmann (2011, S. 1-2) ergänzt zu den Oberbegriffen dieses Modells folgendes:

- Die ökologische Nachhaltigkeit
    - o Natur und Umwelt sollen für zukünftige Generationen bewahrt werden;
    - o Artenvielfalt, Klimaschutz, Pflege von Kultur- und Landschaftsräumen in ihrer ursprünglichen Form sollen erhalten werden;
    - o Generell wird ein schonender Umgang mit der natürlichen Umgebung angestrebt
- Die soziale Nachhaltigkeit
    - o Entwicklung der Gesellschaft als ein Weg, der die Partizipation für alle Mitglieder einer Gemeinschaft ermöglicht;
    - o Dies umfasst den Ausgleich sozialer Kräfte, um eine auf Dauer zukunftsfähige, lebenswerte Gesellschaft zu etablieren

- Die ökonomische Nachhaltigkeit
  - o Die Wirtschaftsweise soll so angelegt sein, dass sie dauerhaft eine tragfähige Grundlage für den Erwerb und Wohlstand bietet
  - o Schutz der wirtschaftlichen Ressourcen vor Ausbeutung

Leitzmann ergänzt, dass Nachhaltigkeit lokal, regional oder global zur Anwendung kommen kann. Er stellt fest, dass die ökologische Perspektive zunehmend global verfolgt wird, dass bei der wirtschaftlichen und sozialen Nachhaltigkeit häufig nationale Interessen im Vordergrund stehen.

Die Aussagen von Leitzmann bestätigen sich z. B. in der regelmäßig stattfindenden UN- Klimakonferenz und deren Beschlüsse, denen einzelne Länder sich entziehen können bzw. sich nicht geeinigt werden kann (UN-Klimakonferenz Warschau 2013). Bei geplanten EU-Vorgaben z.B. können einzelne EU-Länder Einspruch erheben und die Vorgaben könnten dann für die gesamte EU, zum Nachteil des Klimas, verändert werden. Deutschland ist dabei keine Ausnahme, wie die Senkung der CO_2-Grenzwerte für PKW ab 2020 zeigt.

2.5 Sichtweise des Verbrauchers

In der Nestlé-Studie 2011 – So is(s)t Deutschland und der Nestlé-Studie 2012 – Das is(s)t Qualität wurde u.a. auch nach Nachhaltigkeit gefragt. Abb. 2 zeigt, dass 67% der Befragten den Begriff Nachhaltigkeit schon mal gehört haben. Etwas weniger als die Hälfte der Befragten kann diesen Begriff mit Inhalt füllen. In der Studie von 2012 wurde ein Vergleich zwischen den Gesamtbefragten (n = 1671) und der Teilgruppe der Quality Eater[2] (n = 444) angestellt, wie Verbraucher die Nachhaltigkeit eines Produktes einschätzen (Abb. 3). Für beide dargestellten Gruppen sind drei Teilbereiche einer nachhaltigen Ernährung: Umwelt, Transport, soziale Standards überwiegend nur schwer einzuschätzen.

---

[2] In der Nestlé-Studie 2012 das is(s)t Qualität werden 26% der Bevölkerung als sogenannte Quality Eater bezeichnet. Diese Gruppe stellt hohe Ansprüche an die Qualität von Lebensmitteln und ist an gesunder Ernährung interessiert. Sie ist gut informiert und kritisch, aber gleichzeitig undogmatisch. Als Qualitätsdimensionen wurden Genuss/Geschmack, Gesundheit, Sicherheit und Nachhaltigkeit abgefragt.

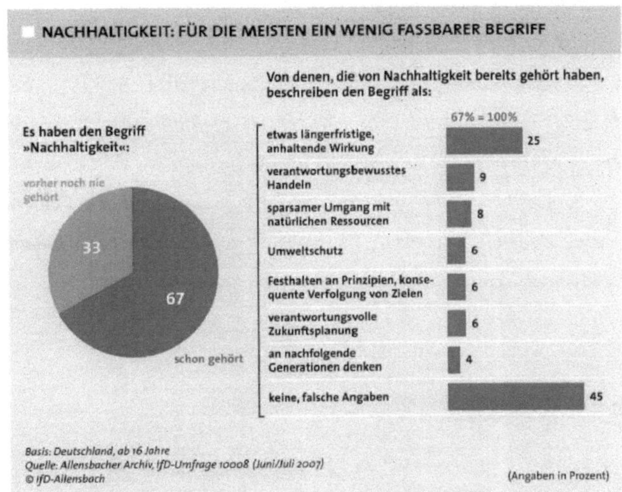

Abbildung 2: Nachhaltigkeit: für die meisten ein wenig fassbarer Begriff; Nestlé Studie 2011:105

Abbildung 3: Nachhaltigkeit eines Produktes lässt sich aus Verbrauchersicht nur schwer einschätzen;

Nestlé Studie 2012:28

In den veröffentlichten Ergebnissen der Nestlé-Studie 2011 (Abb. 4) wurde festgestellt, dass Nachhaltigkeit zwar wichtig ist, aber wenig Bereitschaft besteht mehr dafür zu bezahlen. Als Fazit wurde festgestellt (Nestlé-Studie 2011, S. 111), *„Es wird schwierig sein, in der Bevölkerung eine sehr weit gefasste Definition von Nachhaltigkeit zu verankern. Der Begriff sollte auf keinen Fall überdehnt werden, weil er dann beim Verbraucher nicht nur diffus bleibt, sondern auch mit vielen Aspekten überfrachtet wird, denen er keine Bedeutung zumisst. Es droht damit eine generelle Entwertung nachhaltigen Engagements. Wer zu viel will, erreicht am Ende gar nichts."*

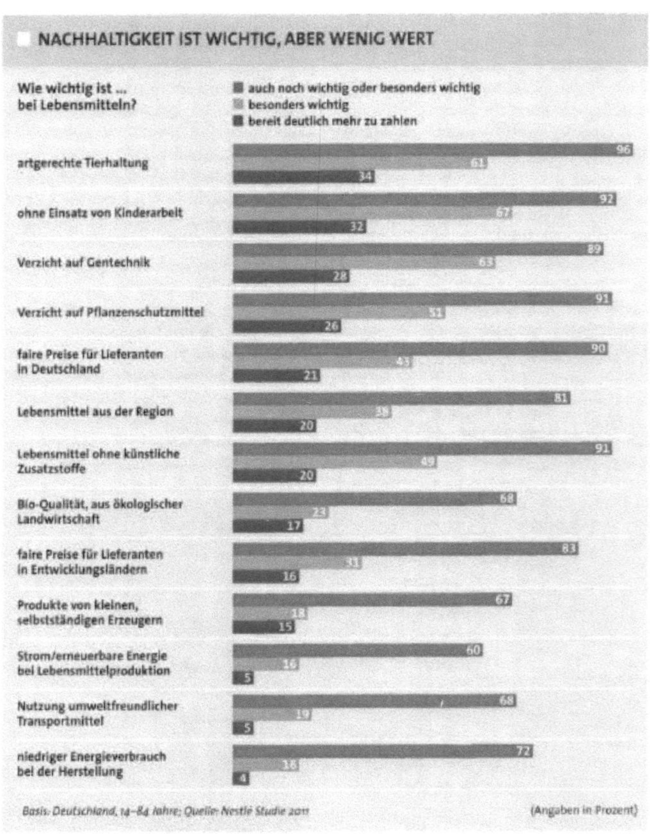

Abbildung 4: Nachhaltigkeit ist wichtig, aber wenig wert; Nestlé Studie 2011:111

Abel (Verbraucher Initiative e. V.) schreibt in der Nestlé-Studie (2011, S. 109), dass die vielfältigen Ansatzpunkte (von sozial gerecht, wassersparend, klimafreundlich, müllvermeidend bis klimaschonend) der Nachhaltigkeit und Ernährung beim Verbraucher für eine multioptionale Verwirrung sorgen. Er nennt die Umsetzung von nachhaltiger Ernährung einen zukunftsorientierten Lebensstil. Abel ist der Ansicht, dass es für eine breitere gesellschaftliche Verankerung der Nachhaltigkeit der persönliche Nutzen betont werden muss. Am Ende seiner Ausführungen schreibt er: *„Kleine Verhaltensänderungen in der Breite der Gesellschaft haben bekanntermaßen eine große Wirkung!"*

Zusammenfassend lässt sich sagen, dass sich Nachhaltigkeit unterschiedlich definieren lässt und je nach Sichtweise andere Schwerpunkte haben kann. Zur Nachhaltigkeit gehören immer: Ökologie, Ökonomie und soziale Verantwortung. Der christliche Aspekt, den Veith ergänzend aufführt, lässt sich in vielen Modellen nicht direkt wiederfinden. Über z. B. die Ablehnung von Massentierhaltung, die soziale Verantwortung für Produzenten in Entwicklungsländern oder den Klimaschutz lässt der christliche Gedanke indirekt wieder finden.

Verbraucher haben, so die aufgeführten Studien, in der Regel keine konkreten Vorstellungen von Nachhaltigkeit und möchten für die entsprechenden Lebensmittel nur in Ausnahmefällen mehr bezahlen. Die größte Bereitschaft einen höheren Preis zu bezahlen, lag bei Fleisch aus artgerechter Tierhaltung, Produkten ohne Kinderarbeit oder Lebensmittel ohne Gentechnik. Wichtig waren vielen der Befragten alle abgefragten Aussagen (Abb. 4).

Um Nachhaltigkeit konsequent umsetzen bedarf es einer Umstellung des gesamten Lebens und der Veränderung der entsprechenden Haltungen. In der Regel dauert es eine gewisse Zeit bis alle Veränderungen umgesetzt werden können. Es handelt sich um einen Weg der kleinen Schritte.

Ernährung ist lediglich ein Teil der Nachhaltigkeit, die im folgenden Abschnitt über die Vollwert-Ernährung erläutert werden soll.

3. Vollwert-Ernährung

Im folgenden Abschnitt sollen die Geschichte und die Prinzipen der Vollwert-Ernährung kurz geschildert werden. Es soll dargelegt werden wie die Vollwert-Ernährung die Prinzipien der Nachhaltigkeit berücksichtigt.

3.1 Nachhaltige Ernährung[3]

Im Rahmen einer Arbeitstagung der Deutschen Gesellschaft für Ernährung e. V. (DGE) im Jahr 2011 hat Leitzmann einen Vortrag mit dem Titel: *Historische Entwicklung von Nachhaltigkeit und Nachhaltiger Ernährung* gehalten. Im veröffentlichen Manuskript schreibt er, dass es bisher keine offizielle Definition des Begriffs Nachhaltige Ernährung gibt. In der Regel gehen Veröffentlichungen, so Leitzmann (2011, S. 4-5) auf die Gießener Konzeption der Vollwert-Ernährung zurück. Diese wurde Jahr 1981 unter gleichen Titel und mit den gleichen Autoren veröffentlicht, wie die im Literaturverzeichnis aufgeführte, und für diese Arbeit verwendete, aktuelle Fassung: *Vollwert-Ernährung – Konzeption einer zeitgemäßen und Nachhaltigen Ernährung.* Leitzmann verknüpft die Nachhaltige Ernährung mit der Ernährungsökologie. Als Leitbilder für die Konzeption einer Nachhaltigen Ernährung gibt er z. B. Rudolf Steiner, Max Bircher-Benner, Werner Kollath und Max-Otto Bruker an.

Leitzmann schreibt: *„Nachhaltige Ernährung bezieht das gesamte Ernährungssystem ein und es werden Untersuchungen und Bewertungen ihrer komplexen Beziehungen vorgenommen, von der Erzeugung, Verarbeitung Verpackung, Transport und Handel über Einkauf, Zubereitung und Verzehr der Lebensmittel bis zur Abfallentsorgung."*

Herde (2005) beschreibt in ihrem Diskussionspapier verschiedene Aspekte einer Nachhaltigen Ernährung auf Konsumentenebene. Sie setzt sich mit den verschiedenen Dimensionen einer Nachhaltigen Ernährung im Zusammenhang mit dem ganzen Ernährungssystem auseinander. Sie schreibt (2005, S. 5), dass jede Stufe des Ernährungssystems (von der Vorproduktion bis zur Entsorgung) von eigenen speziellen Fragen geprägt ist. Im ersten Abschnitt: *Zu diesem Diskussionspapier* schreibt sie: *„Wenn es also darum geht, Kriterien für eine nachhaltige Ernährung auf Konsumentenebene zu entwi-*

---

[3] Der Begriff Nachhaltige Ernährung wird im Folgenden als Eigenname verwendet

*ckeln, dann kommt man nicht umhin, neben den Gegebenheiten in den westlichen In-
dustriestaaten auch die Situation in den Entwicklungsländern zu betrachten. "*

Herde (2005) hat zu den Kriterien ein Schaubild erstellt, dass die Komplexität darstellt
und bisher noch unerwähnte Aspekte einbezieht (Abb. 5)

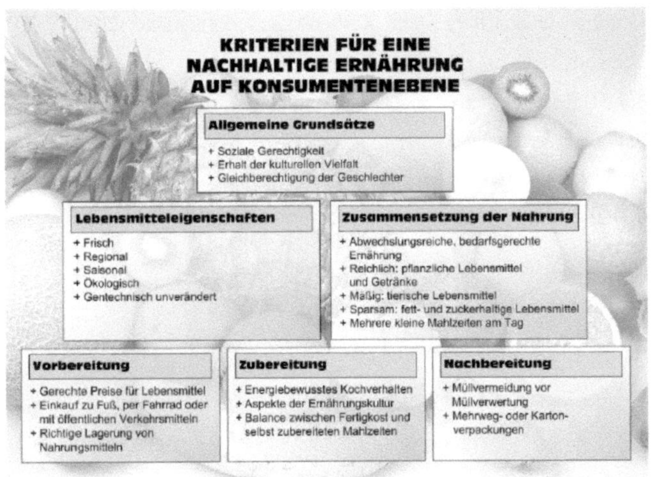

Abbildung 5: Kriterien für eine nachhaltige Ernährung auf Konsumentenebene: Herde 2005:32

3.2 Konzept der Vollwert-Ernährung

Die Vollwert-Ernährung definieren Körber, Männle, Leitzmann (2012, S. 3) wie
folgt: *„Vollwert-Ernährung ist eine überwiegend pflanzliche (lakto-vegetabile) Ernäh-
rungsweise, bei der gering verarbeitete Lebensmittel bevorzugt werden. Gesundheitlich
wertvolle, frische Lebensmittel werden zu genussvollen und bekömmlichen Speisen zubereitet. Die hauptsächlich verwendeten Lebensmittel sind Gemüse und Obst, Vollkorn-
produkte, Kartoffeln, Hülsenfrüchten sowie Milch und Milchprodukte, daneben können
auch geringe Mengen an Fleisch, Fisch und Eiern enthalten sein. Ein reichlicher Verzehr von unerhitzter Frischkost wird empfohlen, etwa die Hälfte der Nahrungsmenge.
Zusätzlich zur Gesundheitsverträglichkeit der Ernährung werden im Sinne der Nachhaltigkeit auch die Umwelt-, Wirtschafts- und Sozialverträglichkeit des Ernährungssystems
berücksichtigt. Das bedeutet unter anderem, dass Erzeugnisse aus ökologischer Land-*

wirtschaft sowie regionale und saisonale Produkte verwendet werden. Weiterhin wird auf umweltverträglich verpackte Erzeugnisse geachtet. Außerdem werden Lebensmittel aus Fairem Handel mit sog. Entwicklungsländern verwendet..."

Die Autoren bezeichnen die Vollwert-Ernährung als die praktische Umsetzung der Ernährungsökologie[4]. In Abb. 6 werden die Dimensionen und Ansprüche an die Vollwert-Ernährung grafisch dargestellt. Körber/Männle/Leitzmann (2012, S. 7) geben als Ziele, die jeweils weltweit zu sehen sind, an:

- Hohe Lebensqualität, besonders Gesundheit
- Schonung der Umwelt
- Faire Wirtschaftsbedingungen
- Soziale Gerechtigkeit

Abbildung 6: Dimensionen und Ansprüche der Vollwert-Ernährung; Körber, Männle, Leitzmann 2012:4

Diese Ziele sollen für alle Beteiligten am Ernährungssystem gelten, von Erzeugern in der sogenannten Dritten-Welt bis zu den Erzeugern oder Verbrauchern z. B. in Deutschland. Beispielhaft sollen hier der Flächenverbrauch zur Erzeugung von Futtermitteln zur Fleischproduktion, Kinderarbeit bei der Ernte von Kaffee- oder Kakaoboh-

---

[4] Ernährungsökologie wird von Körber, Männle, Leitzmann (2012:6) als interdisziplinäres Wissenschaftsgebiet bezeichnet, das die kompletten Beziehungen innerhalb der gesamten Ernährungssystems (land-wirtschaftliche Erzeugung, Verarbeitung, Verpackung, Transport, Handel, Verzehr, Abfallentsorgung) untersucht und bewertet.

nen, Zunahme von ernährungsbedingten Erkrankungen, die z. T. geringe Bezahlung und menschenunwürdigen Arbeitsbedingungen aufgeführt werden.

Neben diesen Aspekten werden über den Gesundheitswert z. B. ernährungsphysiologische Aspekte sowie soziokulturelle und psychologische Werte der Ernährung einbezogen.

3.3 Grundsätze der Vollwert-Ernährung

Körber, Männle, Leitzmann (2012, S. 110ff) fassen ihre Erkenntnisse zu sieben Grundsätzen der Vollwert-Ernährung zusammen. Alle Grundsätze werden aus allen in 3.2 beschriebenen Perspektiven betrachtet und können hier nur ansatzweise wiedergegeben werden.

1. Genussvolle und bekömmliche Speisen

    Hier werden der Genuss über die uns zur Verfügung stehenden Sinne, Essen in Gesellschaft, Zeit beim Essen und Trinken sowie Zeit für das Ausreifen von Früchten einbezogen. Die Lebensmittel werden nach der persönlichen Bekömmlichkeit ausgewählt, die Empfehlungen bei unterschiedlichen Erkrankungen einschließt.

2. Bevorzugung pflanzlicher Lebensmittel (überwiegend ovo-lakto-vegetabile Kost)

    Eine entsprechende Auswahl hat, so Körber, Männle, Leitzmann, viele gesundheitliche Vorteile gegenüber einer Ernährung mit dem bei uns üblichen hohen Fleischanteil. Aspekte sind z. B. ein geringeres Körpergewicht als der Durchschnitt, ein geringerer Blutdruck und eine geringere Cholesterinaufnahme bei Vegetariern im Vergleich zu Mischköstlern[5]. Ergänzt werden ökologische Nachteile, die eine Massentierhaltung durch z. B. sogenannte Treibhausgase mit sich bringt.

3. Bevorzugung gering verarbeiteter Lebensmittel – reichlich Frischkost

    Je geringer die Verarbeitung, desto geringer sind die Verluste an gesundheitsfördernden Inhaltstoffen. Verarbeitung bezieht sich in diesem Zusammenhang überwiegend auf die industrielle Verarbeitung, die mit der Verwendung von Zu-

---

[5] Unter Mischköstlern werden in diesem Zusammenhang Personen bezeichnet, die Fleisch, Fisch, Geflügel, Eier, Milch, Käse, Gemüse, Obst und Getreide essen.

satzstoffen oder Gentechnik einhergehen kann. Als Unterstützung zur Lebensmittelauswahl teilen Körber, Männle, Leitzmann diese in einer Orientierungstabelle mit Wertstufen (Abb. 7) ein. Die Empfehlungen lauten, dass aus Stufe 1 und 2 möglichst je die Hälfte der Lebensmittel bestehen sollte, die Stufen 3 und 4 sollten nur selten bis gar nicht verwendet werden.

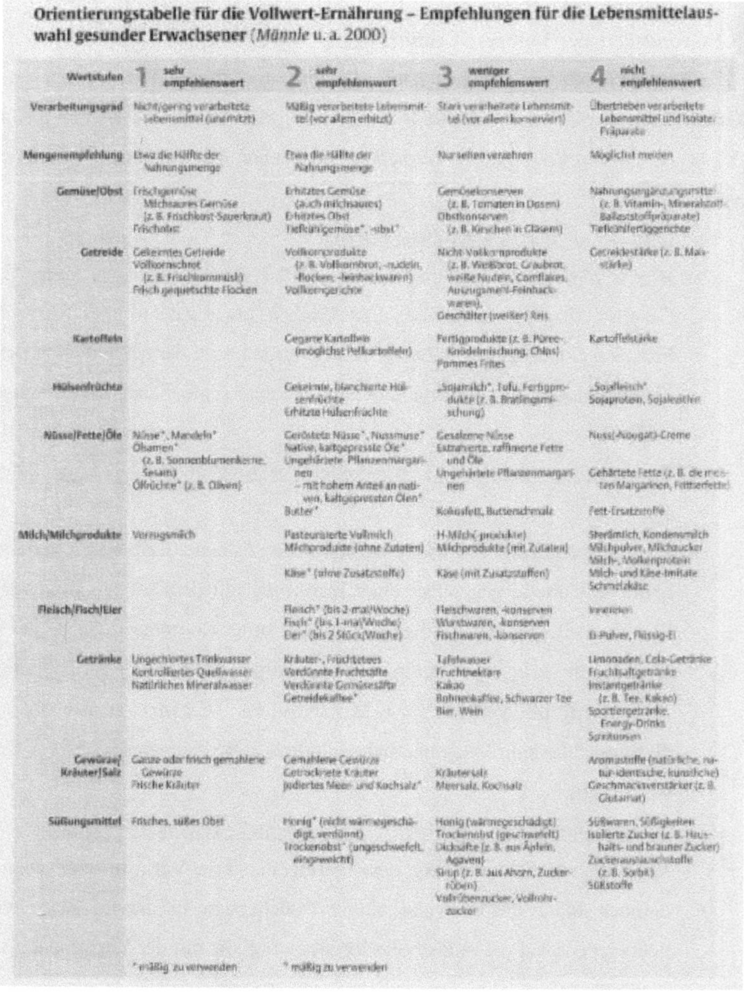

Orientierungstabelle für die Vollwert-Ernährung – Empfehlungen für die Lebensmittelauswahl gesunder Erwachsener (*Männle u. a. 2000*)

Wertstufen	1 sehr empfehlenswert	2 sehr empfehlenswert	3 weniger empfehlenswert	4 nicht empfehlenswert
Verarbeitungsgrad	Nicht/gering verarbeitete Lebensmittel (unerhitzt)	Mäßig verarbeitete Lebensmittel (vor allem erhitzt)	Stark verarbeitete Lebensmittel (vor allem konserviert)	Übertrieben verarbeitete Lebensmittel und Isolate/Präparate
Mengenempfehlung	Etwa die Hälfte der Nahrungsmenge	Etwa die Hälfte der Nahrungsmenge	Nur selten verzehren	Möglichst meiden
Gemüse/Obst	Frischgemüse Milchsaures Gemüse (z. B. Frischkost-Sauerkraut) Frischobst	Erhitztes Gemüse (auch milchsaures) Erhitztes Obst Tiefkühlgemüse*, -obst*	Gemüsekonserven (z. B. Tomaten in Dosen) Obstkonserven (z. B. Kirschen in Gläsern)	Nahrungsergänzungsmittel (z. B. Vitamin-, Mineralstoff-Ballaststoffpräparate) Tiefkühlfertiggerichte
Getreide	Gekeimtes Getreide Vollkornschrot (z. B. Frischkornmüsli) Frisch gequetschte Flocken	Vollkornprodukte (z. B. Vollkornbrot, -nudeln, -flocken, -feinbackwaren) Vollkorngerichte	Nicht-Vollkornprodukte (z. B. Weißbrot, Graubrot, weiße Nudeln, Cornflakes, Auszugsmehl-Feinbackwaren), Geschälter (weißer) Reis	Getreidestärke (z. B. Maisstärke)
Kartoffeln		Gegarte Kartoffeln (möglichst Pellkartoffeln)	Fertigprodukte (z. B. Püree-Knödelmischung, Chips) Pommes Frites	Kartoffelstärke
Hülsenfrüchte		Gekeimte, blanchierte Hülsenfrüchte Erhitzte Hülsenfrüchte	„Sojamilch", Tofu, Fertigprodukte (z. B. Bratlingsmischung)	„Sojafleisch" Sojaprotein, Sojalecithin
Nüsse/Fette/Öle	Nüsse*, Mandeln* Ölsamen* (z. B. Sonnenblumenkerne, Sesam) Ölfrüchte* (z. B. Oliven)	Geröstete Nüsse*, Nussmuse* Native, kaltgepresste Öle* Ungehärtete Pflanzenmargarinen – mit hohem Anteil an nativen, kaltgepressten Ölen* Butter*	Gesalzene Nüsse Extrahierte, raffinierte Fette und Öle Ungehärtete Pflanzenmargarinen Kokosfett, Butterschmalz	Nuss-(Nougat)-Creme Gehärtete Fette (z. B. die meisten Margarinen, Frittierfette) Fett-Ersatzstoffe
Milch/Milchprodukte	Vorzugsmilch	Pasteurisierte Vollmilch Milchprodukte (ohne Zutaten) Käse* (ohne Zusatzstoffe)	H-Milch(-produkte) Milchprodukte (mit Zutaten) Käse (mit Zusatzstoffen)	Sterilmilch, Kondensmilch Milchpulver, Milchzucker Milch-, Molkenprotein Milch- und Käse-Imitate Schmelzkäse
Fleisch/Fisch/Eier		Fleisch* (bis 2-mal/Woche) Fisch* (bis 1-mal/Woche) Eier* (bis 2 Stück/Woche)	Fleischwaren, -konserven Wurstwaren, -konserven Fischwaren, -konserven	Innereien Ei-Pulver, Flüssig-Ei
Getränke	Ungechlortes Trinkwasser Kontrolliertes Quellwasser Natürliches Mineralwasser	Kräuter-, Früchtetees Verdünnte Fruchtsäfte Verdünnte Gemüsesäfte Getreidekaffee*	Tafelwasser Fruchtnektare Kakao Bohnenkaffee, Schwarzer Tee Bier, Wein	Limonaden, Cola-Getränke Fruchtsaftgetränke Instantgetränke (z. B. Tee, Kakao) Sportlergetränke, Energy-Drinks Spirituosen
Gewürze/Kräuter/Salz	Ganze oder frisch gemahlene Gewürze Frische Kräuter	Gemahlene Gewürze Getrocknete Kräuter Jodiertes Meer- und Kochsalz*	Kräutersalz Meersalz, Kochsalz	Aromastoffe (natürliche, naturidentische, künstliche) Geschmacksverstärker (z. B. Glutamat)
Süßungsmittel	Frisches, süßes Obst	Honig* (nicht wärmegeschädigt, verdünnt) Trockenobst* (ungeschwefelt, eingeweicht)	Honig (wärmegeschädigt) Trockenobst (geschwefelt) Dicksäfte (z. B. aus Äpfeln, Agaven) Sirup (z. B. aus Ahorn, Zuckerrüben) Vollrübenzucker, Vollrohrzucker	Süßwaren, Süßigkeiten Isolierte Zucker (z. B. Haushalts- und brauner Zucker) Zuckeraustauschstoffe (z. B. Sorbit) Süßstoffe
	* mäßig zu verwenden	* mäßig zu verwenden		

Abbildung 7: Orientierungstabelle für die Vollwert-Ernährung – Empfehlungen für die Lebensmittelauswahl gesunder Erwachsener; Körber, Männle, Leitzmann 2012:190

Auf die schonende Zubereitung im Haushalt zur Erhaltung der Inhaltsstoffe und des Eigengeschmacks wird ebenfalls Wert gelegt. Die Empfehlung lautet ca. 50% unerhitzte Frischkost und ca. 50% erhitzte Frischkost (Abb. 8) Die Lebensmittel sollten nur in dem Maße verarbeitet werden, wie es zur gesundheitlichen Unbedenklichkeit notwendig ist.

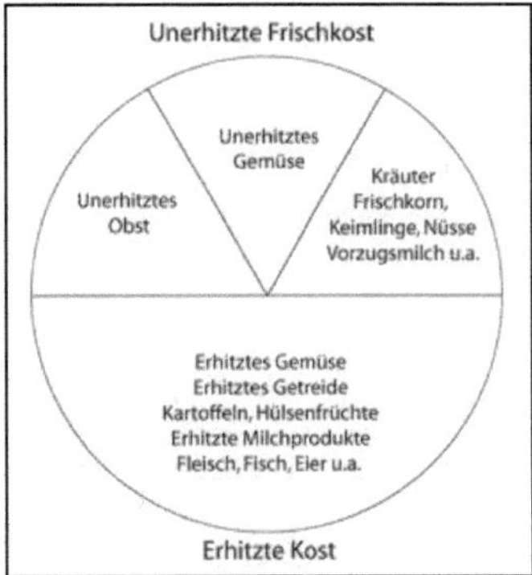

Abbildung 8: Empfehlung zur Aufteilung von unerhitzter Frischkost und erhitzter Kost; Körber, Männle, Leitzmann 2012:120

4. <u>Ökologisch erzeugte Lebensmittel</u>

Zu den aufgeführten Grundsätzen der ökologischen Landwirtschaft zählen die Förderung der Bodenfruchtbarkeit mit organischem Düngematerial aus dem Betrieb, Auswahl von standortangepassten Arten und Sorten, artgerechte Tierhaltung, vielseitige Fruchtfolge und z. B. geringst möglicher Verbrauch an nicht erneuerbaren Energien und Rohstoffe. Zu unterscheiden sind die verschiedenen Siegel, die biologische Lebensmittel kennzeichnen. Das deutsche bzw. EU-Bio-Siegel regelt rechtliche Mindestanforderungen an ökologisch erzeugte Lebensmittel. Zusätzlich gibt es Öko-Siegel verschiedener Verbände wie Bioland® oder Demeter®, die in vielen Teilen strengere Anforderungen an Anbau und Verarbeitung haben wie das EU-Siegel.

5. <u>Regionale und saisonale Lebensmittel</u>

Hier geht es vor allem um den Transport von Lebensmitteln aus ökologischer und ökonomischer Sicht. Es wird ein Vergleich angestellt zwischen dem Transport per LKW, Bahn, Flugzeug und Schiff. Innerhalb Deutschlands ist die Bahn ökologisch überlegen. Ökologisch nicht zu empfehlen sind Lebensmittel, die per Flugzeug transportiert wurden. Körber, Männle, Leitzmann (2012, S. 165) geht es bei regionalen und saisonalen Lebensmitteln um einen Anbau im Freiland, ihnen ist wichtig, dass beide Begriffe (regional, saisonal) aneinander gekoppelt sind. Gemeint ist die Region in der sich das jeweilige Lebensumfeld befindet.

6. <u>Umweltverträglich verpackte Produkte</u>

Lebensmittel können in Glas, Weißblech, Aluminium, Kunststoff sowie Papier, Pappe und Karton verpackt werden. Laut Körber, Männle, Leitzmann (2012, S. 168) werden *„81% der Verpackungen stofflich verwertet, 7% wandern in thermische Behandlungsanlagen ..., 12% werden über Deponien entsorgt."* Glas nimmt im Lebensmittelbereich den ersten Rang ein, gefolgt von Papier und Pappe. Den größten Aufwand an Verpackung erfordern Getränke. Je nach Art des Getränks werden die unterschiedlichen Verpackungsarten ökologisch anders bewertet. So ist es für kohlensäurehaltige Getränke wie Mineralwasser oder Limonade ökologisch Sinnvoll PET-Mehrwegflaschen zu kaufen. Bei z. B. Fruchtsäften lassen sich zwischen Mehrwegverpackungen aus Glas und Verbundpackungen aus Karton, Aluminium und Kunststofffolien keine Unterschiede erkennen. Als Beitrag zur Abfallvermeidung bzw. –verminderung wird empfohlen Lebensmittel ohne oder mit möglichst wenig Verpackung anzubieten bzw. zu kaufen.

7. Fair gehandelte Lebensmittel

„Die Vollwert-Ernährung verfolgt als übergeordnete weltweite Ziele unter anderem faire Wirtschaftsbeziehungen ...und soziale Gerechtigkeit." so Körber, Männle, Leitzmann (2012, S. 170). Fair definieren sie nicht nur im ökonomischen Sinne als fairen Preis, sondern im sozial-ethischen Sinne als gerecht. Dabei geht es vorwiegend um den Handel mit Ländern, die z. B. als Entwicklungsländer bezeichnet werden. Vor allem Familien- und Kleinstbetriebe, die dadurch Unterstützung erfahren z. B. in Bezug auf eine Verbesserung des Einkommens oder durch die Förderung von benachteiligten Produzenten und Ureinwohnern sowie Schutz von Kindern vor Ausbeutung. Für einen biologischen Anbau erhalten die Produzenten einen Bio-Aufschlag. Für die Autoren sind „Öko" und

„Fair" miteinander verbunden. Empfohlen wird, wegen des Transports, solche Produkte möglichst wenig zu konsumieren, um diesen Nachteil auszugleichen.

Glogowsky (2011) hat dargestellt (Abb. 9), wie sich die einzelnen Aspekte einer Nachhaltigen Ernährung auf Umwelt, Gesellschaft, Gesundheit und Wirtschaft global auswirken. Die Abbildung zeigt, dass sich alle Aspekte einer Nachhaltigen Ernährung positiv auf die dargestellten Dimensionen auswirken.

	Umwelt	Gesellschaft	Gesundheit	Wirtschaft
↓ Konsum tierischer Lebensmittel (insb. Fleisch)	Ausstoß an CO_2-Äquivalenten ↓	Veredelungsverluste[1] ↓; Futtermittelimporte aus Entwicklungsländern ↓	Kost mit hohem Anteil pflanzlicher Lebensmittel: komplexe Kohlenhydrate ↑, Ballaststoffe ↑, sekundäre Pflanzenstoffe ↑, meist fettärmer	reduzierter Konsum meist teurerer tierischer Lebensmittel: Haushaltsausgaben ↓
Bio-Lebensmittel	kein Einsatz chemisch-synthetischer Pflanzenschutzmittel und leicht löslicher Mineraldünger; Primärenergieverbrauch ↓ (bezogen auf die erzeugte Menge); Einsatz von Rohstoffen ↓, Förderung der (Agro-)Biodiversität	soziale und kulturelle Zusatzleistungen (z. B. Schulbauernhöfe, Betriebe zur Therapie und Integration von Behinderten und psychisch Kranken); ↑ Arbeitszufriedenheit von Landwirten nach Umstellung auf Bio	wertgebende Inhaltsstoffe z. T. ↑; ↓ wertmindernde Inhaltsstoffe (bspw. Nitrat, Pestizidrückstände oder Arzneimittel aus der Tierhaltung)	Erlöse für Erzeuger i. d. R. ↑ (Existenzsicherung); hohe Arbeitsintensität, Weiterverarbeitung am Hof und teilweise Direktvermarktung schafft zusätzliche Arbeitsplätze
Regionale und saisonale Lebensmittel	Transportwege ↓ (Energie- und Rohstoffverbrauch ↓); saisonaler Anbau im Freiland: Einsatz von Heizöl und CO_2-Emissionen ↓ im Vgl. zu beheizten Treibhäusern und Folientunneln	überschaubare Strukturen schaffen Transparenz und Vertrauen	regionale, saisonale Freilanderzeugnisse: durchschnittlich ↓ Rückstände (Nitrat, Pestizide) im Vergleich zu Treibhauserzeugung; regionale Erzeugnisse können auf dem Feld ausreifen (da Transportwege ↓), daher oft ↑ wertgebende Inhaltsstoffe	regionales Wirtschaften stärkt kleine und mittlere Betriebe; regionale Netzwerke entlang der Produktkette tragen zur Existenzsicherung bei
Gering verarbeitete[i], frische Lebensmittel	Primärenergie- und Wasserverbrauch ↓ durch weniger intensive Verarbeitungsverfahren; ↓ Transportaufkommen zwischen einzelnen Verarbeitungsstufen	Zubereitung unverarbeiteter Lebensmittel: sinnliche Wahrnehmung des Essens ↑, Wertschätzung der Rohprodukte ↑, Schulung der köchtechnischen Fertigkeiten; Kochen bietet soziales Gemeinschaftserlebnis	wertgebende Inhaltsstoffe ↑ (durch Verzicht auf Verfahren der Lebensmittelverarbeitung); keine Zusatzstoffe	Grundnahrungsmittel i. d. R. preiswerter, da kostenintensive Verarbeitungsschritte entfallen (ökonomischer Vorteil für Verbraucher)
Hüllenlos / umweltverträglich verpackt	Abfallaufkommen ↓; Rohstoff-, Energieverbrauch, Emissionen ↓			
Fair gehandelte Produkte	Produktionsbedingungen des Fairen Handels beinhalten Umweltschutzauflagen (z. B. möglichst geringer Pestizideinsatz)	Fairer Handel fördert Bau sozialer Einrichtungen, Sozialversicherung für Arbeiter und Gründung von Gewerkschaften; Ausschluss von Kinderarbeit	Pestizideinsatz ↓; Schutzmaßnahmen bei der Anwendung vermeiden Pestizidvergiftungen der Arbeiter	Existenzsicherung durch faire Preise für Erzeuger, Verarbeiter, Händler; garantierte Abnahmemengen/ Vorauszahlungen ermöglichen Produzenten Planungssicherheit/Investitionen
Genussvoll und bekömmlich		Voraussetzungen für eine dauerhafte Ernährungsumstellung (z. B. durch abwechslungsreichere Nahrung durch zuvor nicht verwendete Gemüsearten)		

[1] Veredelungsverluste sind die Verluste an Nahrungsenergie aus Futterpflanzen bei Erzeugung von tierischen Lebensmitteln [21].
[i] Nicht alle landwirtschaftlichen Erzeugnisse sollen roh verzehrt werden; erhitzte Lebensmittel werden als „mäßig verarbeitet" bezeichnet und sollen ca. die Hälfte der Kost ausmachen.

Abbildung 9: Grundsätze für eine nachhaltige Ernährung und ihre zentralen Auswirkungen auf die vier Dimensionen; Glokowsky 2011:B35

Eine Nachhaltige Ernährung bzw. die Vollwert-Ernährung erfüllen alle Aspekte, die im Rahmen von Nachhaltigkeit wichtig sind (siehe Abschnitt 2). Die soziale Komponente über z. B. eine faire Bezahlung, guten Arbeitsbedingungen, Ablehnung der Gentechnik, die unabsehbare Folgen für die nachfolgenden Generationen haben könnte. Die Ökologische Komponente über die Begrenzung von z. B. des CO_2-Ausstoßes durch weniger Lebensmitteltransport, eine Verringerung von Treibhausgasen durch weniger Massentierhaltung oder dem Schutz des Grundwassers durch die Verwendung von weniger Pestiziden. Die ökonomische Komponente durch z. B. faire Wirtschaftsbeziehungen, Förderung von Familien- und Kleinstbetrieben oder regionalen Produzenten.

3.4 Fördernde und hemmende Einflüsse bei der Umsetzung der Vollwert-Ernährung

Körber, Männle, Leitzmann (2012, S. 201ff) gehen auch auf fördernde und hemmende Einflüsse bei einer Ernährungsumstellung ein. Dies können Barrieren auf verschiedenen individuellen und strukturellen Ebenen sein.

Dazu gehören:

- Barrieren bei der Beschaffung von Bio-Lebensmitteln, fair gehandelten sowie regionalen und saisonalen Lebensmitteln.
    - o   Finanzielle Ressourcen
    - o   Zugangsmöglichkeiten
- Barrieren durch Zubereitungsaufwand
    - o   Zeitliche Ressourcen
- Barrieren der geschmacklichen Akzeptanz bzw. der sozialen Akzeptanz im Haushalt und im sozialen Umfeld

Fördernde und hemmende Faktoren teilen die Autoren in vier Kategorien ein:

- (Nicht-)Wissen
- (Nicht-)Wollen
- (Nicht-)Sollen
- (Nicht-)Können

Im weiteren Verlauf werden diese Faktoren nach den Grundsätzen der Vollwert-Ernährung differenziert betrachtet, mit dem Schwerpunkt auf dem Aspekt „Können".

Dabei werden u. a. die Problematik der Außer-Haus-Verpflegung, der jeweiligen Ess-kultur und höherer Kosten thematisiert.

Über den Verband für unabhängige Gesundheitsberatung e. V. (UGB) werden für interessierte Laien und Fachkräfte (Köche, Diätassistenten, Oekotrophologen) Informa-tionen und Seminare zur Vollwert-Ernährung zur Verfügung gestellt bzw. angeboten. Über das Institut für alternative und nachhaltige Ernährung (IFANE) soll u. a. nachhal-tige Ernährung weiter verbreitet werden. An beiden Organisationen sind die Herren Körber, Männle und Leitzmann einzeln oder mehrfach beteiligt.

Laut einem Telefonat mit einer Teilnehmerin des UGB-Seminars zum BIO-Gourmetkoch/Küchenfachkraft Vollwert-Ernährung (Petra Buhl, 13.04.2014) wird die Vollwert-Ernährung in den beschriebenen (engen) Möglichkeiten und Grenzen vermit-telt.

4. Umsetzung der Vollwert-Ernährung im individuellen Umfeld

Wie in der Einleitung angesprochen wird mit dem Begriff der Nachhaltigkeit inflationär umgegangen. Verbraucher sind gewohnt alle Lebensmittel zu jeder Jahreszeit und zu nahezu jeder Tageszeit erhalten zu können. Die Vollwert-Ernährung stellt eine Mög-lichkeit dar, Nachhaltigkeit in der Ernährung zu leben. Das Bayerische Staatministerium (http://www.stmelf.bayern.de/ernaehrung/007946/index.php, 27.04.2014) gibt z. B. In-formationen dazu, wie man in sieben Schritten auf eine nachhaltige Ernährung umstel-len kann. Diese sind stark angelehnt an die beschriebenen Grundsätze der Vollwert-Ernährung und lauten:

1. Zusammenhänge erkennen
2. Wir haben die Wahl…
3. JA zur nachhaltigen Landwirtschaft
4. Saisonal essen, regional einkaufen
5. Gering verarbeitete Lebensmittel bevorzugen
6. Fairness genießen – weltweit
7. Energieeffizienz im eigenen Haushalt

Einzelne Schritte werden über die Darstellung von z. B CO_2-Bilanzen (Abb. 10) oder über die bildliche Darstellung eines Getränks wie Latte Macchiato und dessen (globale) Zusammensetzung (Abb. 11) untermauert.

Ressourcen und Klima schonen

In Deutschland werden pro Person und Jahr etwa 11 Tonnen CO_2-Äquivalente ausgestoßen [1]. Klimaverträglich wären jedoch nur 2 Tonnen [2]. Ziel ist daher eine angestrebte Reduktion um ca. 80 %. Unsere Ernährung trägt mit etwa 20 % zum gesamten Treibhausgas-Ausstoß bei. Etwa die Hälfte davon (10 % absolut) stammt aus der landwirtschaftlichen Erzeugung. Hiervon wiederum 85 % allein aus der Produktion tierischer Erzeugnisse [3]. Weniger Fleisch und Wurst zu konsumieren, kann den CO_2-Ausstoß deutlich reduzieren.

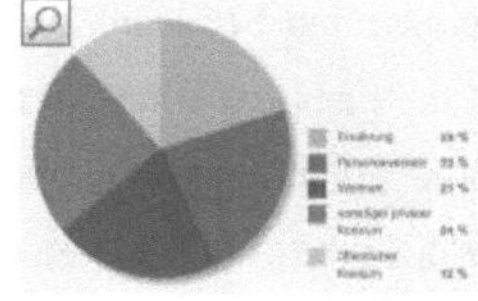

Die Welternährung sichern

Nachhaltige Ernährung setzt bei der Lebensmittelauswahl auf Regionalität, gute Qualität und einen fairen Preis. Ackerflächen stehen für die Welternährung nur in begrenztem Umfang zur Verfügung. Da tierische Produkte mehr Flächen benötigen bei gleichem Kalorienangebot wie pflanzliche Produkte, sichert eine pflanzenbetonte Mischkost eher die Welternährung als fleischbetonte Kost. Dennoch hat auch die Weidehaltung auf Grünland ihre Berechtigung. Grünland bindet kontinuierlich viel CO_2 aus der Atmosphäre und sollte nicht in Ackerland umgewandelt werden, weil dabei große Mengen an CO_2 freigesetzt würden. Eine gewisse Menge an Fleisch und Milchprodukten hat auf dem Speiseplan einer nachhaltigen Ernährung durchaus ihren Platz.

Abbildung 10: Lebensmittel – wir haben die Wahl…: Bayerischen Staatsministerium für Landwirtschaft und Forsten

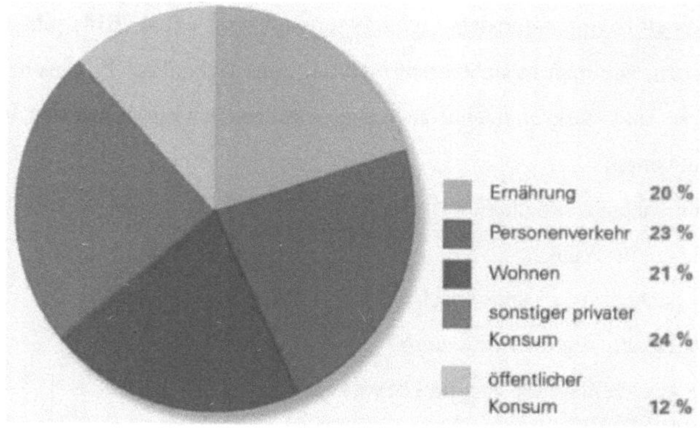

Ausschnittsvergrößerung des Kreisdiagramms

Abbildung 11: Fairness genießen – weltweit; Bayerischen Staatsministerium für Landwirtschaft
    und Forsten

Körber, Männle, Leitzmann (2012) formulieren ihre Ausführungen immer wieder in der Möglichkeitsform und nicht in einem *muss*. Je mehr der Verbraucher sich an die Empfehlungen hält, desto nachhaltiger ist die Ernährung. Je nach Wohnort (im ländlichen oder städtischen Bereich) stellen sich unterschiedliche Fragen. z. B. bezüglich der CO_2-Bilanz von Lebensmitteln bzw. deren Beschaffung, der Nachhaltigkeitsphilosophie von Unternehmen, die Lebensmittel herstellen oder von Verpackungsmaterialen. Mögliche Aspekte, die im Rahmen einer erstmaligen Umstellung auftreten können, sind in Abb. 12 dargestellt. Die familiäre Situation, der individuelle Lebensstil, das soziale Umfeld und persönliche Werte haben Einfluss auf die Entscheidung. Die Komplexität der möglichen Entscheidungen wird deutlich und ist vermutlich nur in kleinen Schritten zu bewältigen, da in der Regel nicht alle notwendigen Informationen und Kenntnisse sofort verfügbar sind.

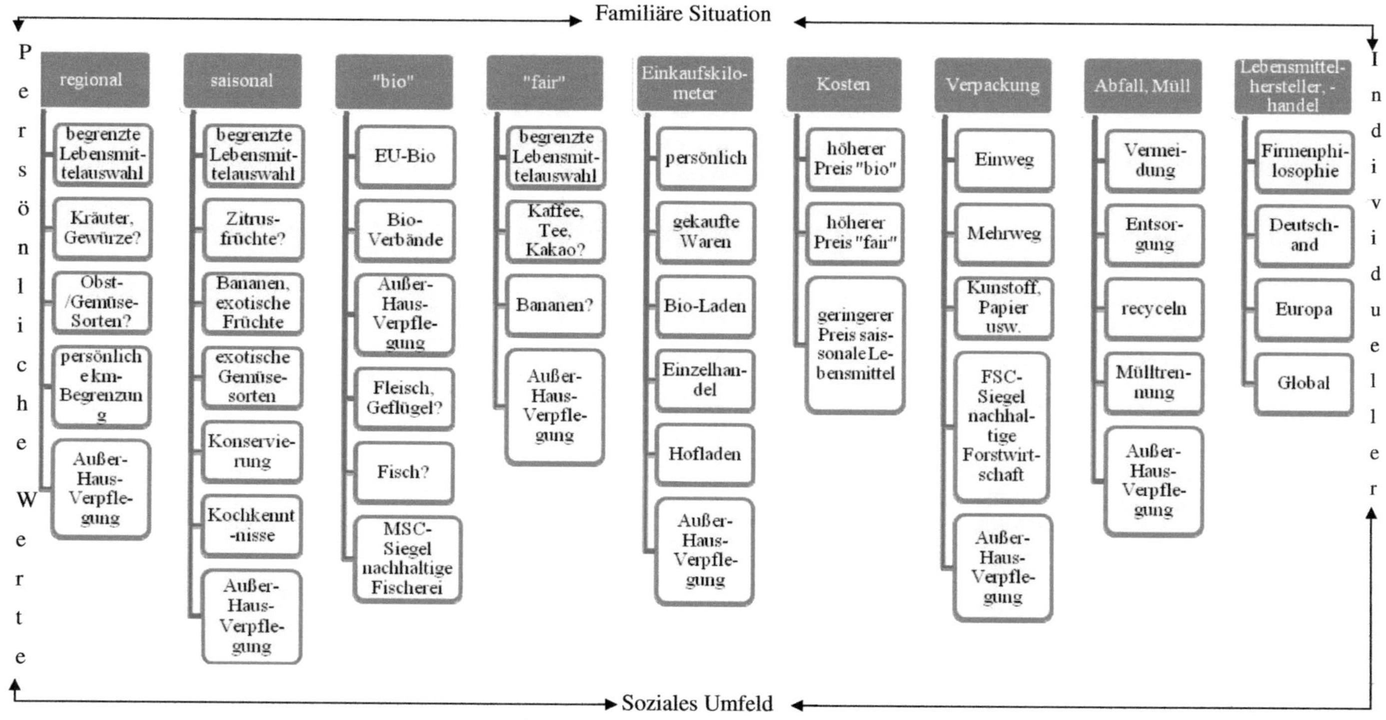

Abbildung 12: Mögliche Aspekte im Rahmen einer Umstellung auf eine Vollwert-Ernährung und Einflussfaktoren aus dem persönlichen Umfeld

5. Fazit

Die Ausführungen haben dargestellt, dass die Vollwert-Ernährung geeignet ist, um einen Beitrag zur Nachhaltigkeit zu leisten. Im Rahmen einer konsequenten Umsetzung bzw. Umstellung werden in der Regel schnell persönliche Grenzen klar. In Büchern wie *Fast nackt*, Filmen wie *Taste the waste* oder in Fernsehsendungen wie *zdf:zeit: Wie gut ist Billig-Bio?* wird die weltweite Problematik der Lebensmittelproduktion, der Lebensmittelabfälle sowie z. B. der CO_2-Belastung der Umwelt durch Lagerhaltung und Transport am Beispiel von deutschen und südafrikanischen Äpfeln dargestellt. Im zuletzt genannten Bespiel schneiden die afrikanischen Äpfel in der CO_2-Bilanz besser ab, als deutsche Lageräpfel. Dies nur zwar nur ein Aspekt der Nachhaltigkeit, wirft jedoch die Frage nach den Produktionsbedingungen von Lebensmitteln, weltweit, auf.

Abschnitt 2 zeigt, dass die wissenschaftlichen Auffassungen von Nachhaltigkeit von denen abweicht, wie Verbraucher den Begriff der Nachhaltigkeit für sich definieren bzw. was sie damit verbinden. Laut der Nestlé Studie 2011 und Nestlé-Studie 2012 befassen sich verhältnismäßig wenig Menschen überhaupt mit dieser Problematik. Um den Grad der persönlichen Nachhaltigkeit abschätzen zu können, gibt es den sogenannten *Ökologischen Fußabdruck*[6]. Dieser kann über diverse Rechner (Anlage 2) im Internet errechnet wird. Die Fragen sind sehr unterschiedlich und so kann es beim Ausprobieren verschiedener Rechner zu unterschiedlichen Ergebnissen kommen. Am Ende der Auswertung erscheint in der Regel ein Hinweis auf den sogenannten *kollektiven Fußabdruck*, der sich z. B. auf den Bau von Infrastruktur, Kliniken usw. bezieht und sich nicht vermeiden oder beeinflussen lässt (Anlage 3). Beim Ausprobieren kann man über mehrfache Versuche mit unterschiedlichen Angaben feststellen, wie stark sich schon kleine Veränderung, wie das Weglassen von Fleisch, die Nutzung von öffentlichem Nahverkehr und die Verwendung von regionalen Lebensmitteln im Sinne der Nachhaltigkeit auswirken.

Neben der möglicherweise geringeren Lebensmittelauswahl ist die Zubereitung der Lebensmittel eine nicht zu unterschätzende Herausforderung in der Umstellungs-

---

[6] Der Ökologische Fußabdruck wurde 1994 von William E. Rees und Mathis Wackernagel entwickelt. Er ist ein Indikator der Nachhaltigkeit oder Nicht-Nachhaltigkeit bei ökologischen Defiziten. Die Angaben werden Hektar angeben, die z. B. für eine Person benötigt werden, um die notwendigen Ressourcen bereitzustellen und Abfälle aufzunehmen.

phase. In einer Zeit, in der nahezu alle Speisen als vorgefertigtes Produkt zu erhalten sind, gehen Kenntnisse im Umgang und der Zubereitung mit frischen, unverarbeiteten Lebensmitteln teilweise verloren. Im Sinne einer Nachhaltigen Ernährung bzw. Vollwert-Ernährung sollte nährstoff- und umweltschonend zubereitet werden. Dies bedeutet ressourcenschonend von der Lagerung bis hin zur Geschirreinigung und dem Umgang mit Lebensmittel- und Speiseresten und Energie. Ohne entsprechende fachliche Begleitung wird dies unter Umständen schwierig sein.

Die soziale Gerechtigkeit/Verantwortung von großen Lebensmittelkonzernen oder dem Einzelhandel können von Verbrauchern in der Regel kaum erfasst werden. Es sei denn, dass in der Presse von negativen Beispielen wie z. B. fehlenden Betriebsräten, unerlaubten Kameraüberwachungen oder schlechter Bezahlung berichtet wird. Eine positive Berichterstattung findet nur in Einzelfällen statt. Ein „Qualitäts-Siegel" für soziale Verantwortung oder fairen Handel für Unternehmen in Deutschland gibt es nicht. Das Fair-Trade-Siegel, dass auf einigen Lebensmitteln zu finden ist, gilt für Produzenten und Handel in/mit sogenannten Entwicklungsländern (Anlage 4.).

Die Vollwert-Ernährung ist nur ein Teil einer nachhaltigen Lebensweise und ist möglich. Eine konsequente Umstellung kann von unterschiedlichsten Problemen begleitet sein, die jeweils mit dem persönlichen Umfeld besprochen und entschieden werden sollten. Theodore Roosevelt[7] sagte: *„Tu was du kannst, mit dem was du hast, wo immer du bist."*

---

[7] 26. Präsident der USA (1901 - 1909)

Literaturverzeichnis

<u>Bücher, Zeitschriften</u>

Glogowsky, Stella (2011): *Nachhaltigkeit und Ernährung. Konzepte und Grundsätze in Deutschland* Ernährungs-Umschau 9/2011: B33-B36 Umschau Zeitschriftenverlag GmbH

Grüner Hase das Magazin – Auf der Suche nach gesundem, nachhaltigem Leben in unserer Region. Pando Verlag Fulda Ausgabe März-Mai

Heimbach-Steins, Marianne (Hrsg.) (2004): *Christliche Sozialethik. Ein Lehrbuch* Verlag Friedrich Pustet Ravensburg

Hickman, Leo (2008): *Fast nackt. Mein abenteuerlicher Versuch ethisch korrekt zu Leben.* Piper München Zürich

Koerber, Karl von, Männle, Thomas, Leitzmann, Claus (2012): *Vollwert-Ernährung. Konzeption einer zeitgemäßen und nachhaltigen Ernährung.* Karl F. Haug Verlag Stuttgart

Lehmann, Birgit (2014): *Glanz, Emotionen & die Farbe grün. GV-Kompakt – Fachmagazin für Gemeinschaftsverpflegung.* HUSS-Medien GmbH 4/2014:8-17

Nestlé Studie 2011 *So is(s)t Deutschland – ein Spiegel der Gesellschaft.* Deutscher Fachverlag GmbH Frankfurt am Main

Internet

AID Obst- und Gemüsekalender

http://www.tag-des-gemueses.de/images/saison.jpg

Zugriff am 27.04.2014

Bayerisches Staatsministerium für Ernährung, Landwirtschaft und Forsten

In sieben Schritten zur nachhaltigen Ernährung

http://www.stmelf.bayern.de/ernaehrung/007946/index.php

Zugriff am 27.04.2014

CO_2-Grenzwerte für Pkw ab 2020 - endlich beschlossen - Verkehrsclub Deutsch-

land -

http://www.vcd.org/co2

Zugriff am 02.05.2014

Der „Quality eater"

http://www.Nestlé.de/Unternehmen/Nestlé-Studie/Nestlé-Studie-

2012/Documents/Portrait_Quality_Eater.pdf

Zugriff am 01.05.2014

Herde, Adina (2005): *Kriterien für eine nachhaltige Ernährung auf Konsumenten-*

ebene. Diskussionspapier 20/05 Technische Universität Berlin

www.ztg.tu-berlin.de   Zugriff am 26.04.2014

Institut für alternative und nachhaltige Ernährung

http://ifane.org/

Zugriff am 27.04.2014

Leitzmann, Claus (2011): *Historische Entwicklung von Nachhaltigkeit und Nach-*

haltiger Ernährung gehalten. Vortragsmanuskript Arbeitstagung der Deutschen

Gesellschaft für Ernährung e. V. 21. Und 22.September 2011

https://www.dge.de/pdf/presse/at2011/DGE-Arbeitstagung-2011-Manuskripte.pdf

Zugriff am 27.02.2014

Nestlé Studie 2012 – Das is(s)t Deutschland. Auszüge aus der Nestlé Studie 2012

http://www.Nestlé.de/Unternehmen/Nestlé-Studie/Nestlé-Studie-2012/Documents/

Executive_Summary_Studie_2012.pdf

Zugriff am 01.05.2014

Lexikon der Nachhaltigkeit
- Definition Nachhaltigkeit
- Drei-Säulen-Modell
- Ökologischer Fußabdruck
- UN-Klimakonferenz Warschau 2013

http://www.nachhaltigkeit.info

Zugriff am 02.05.2014

Taste the waste (am 26.04.2014 auf PHOENIX gesendet)

http://www.phoenix.de/taste_the_waste/659564.htm

Zugriff am 26.04.2014

Verband unabhängigen Gesundheitsberatung e. V

www.ugb.de

Zugriff am 27.04.2014

ZDF-Mediathek Wie gut ist Billig-Bio?

http://www.zdf.de/ZDFmediathek#/beitrag/video/1838178/Wie-gut-ist-Billig-Bio?

Zugriff am 01.05.2014

Anlagenverzeichnis

Anlagen

Anlage 1

AID Saisonkalender Obst und Gemüse

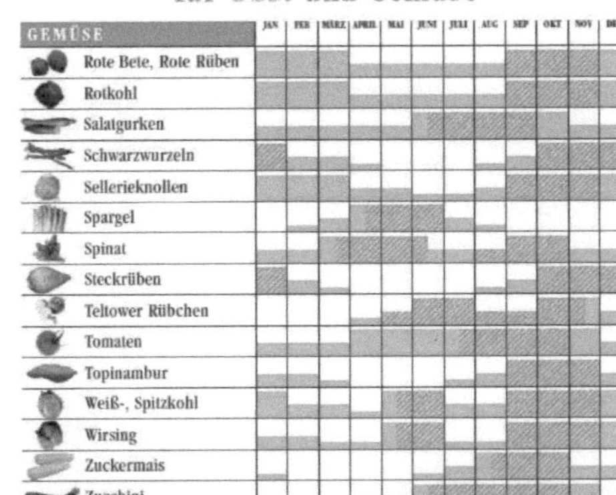

Saisonkalender für Obst und Gemüse

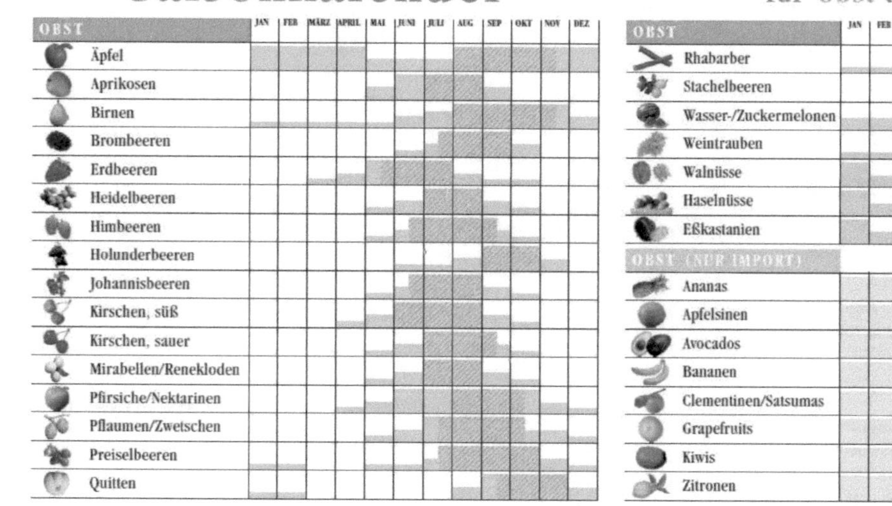

OBST

OBST	JAN	FEB	MÄRZ	APRIL	MAI	JUNI	JULI	AUG	SEP	OKT	NOV	DEZ
Äpfel												
Aprikosen												
Birnen												
Brombeeren												
Erdbeeren												
Heidelbeeren												
Himbeeren												
Holunderbeeren												
Johannisbeeren												
Kirschen, süß												
Kirschen, sauer												
Mirabellen/Renekloden												
Pfirsiche/Nektarinen												
Pflaumen/Zwetschen												
Preiselbeeren												
Quitten												

OBST

OBST	JAN	FEB	MÄRZ	APRIL	MAI	JUNI	JULI	AUG	SEP	OKT	NOV	DEZ
Rhabarber												
Stachelbeeren												
Wasser-/Zuckermelonen												
Weintrauben												
Walnüsse												
Haselnüsse												
Eßkastanien												

OBST (NUR IMPORT)

OBST (NUR IMPORT)	JAN	FEB	MÄRZ	APRIL	MAI	JUNI	JULI	AUG	SEP	OKT	NOV	DEZ
Ananas												
Apfelsinen												
Avocados												
Bananen												
Clementinen/Satsumas												
Grapefruits												
Kiwis												
Zitronen												

Monate geringerer Angebote – höhere Preise

Monate steigender/fallender Angebote

Monate starker Angebote – geringere Preise

Überwiegend aus einheimischem Freilandanbau

Auswertungs- und Informationsdienst für Ernährung, Landwirtschaft und Forsten (aid) e.V.
Konstantinstraße 124, 53179 Bonn
Tel. 0228/8499-0, Fax 0228/9526952

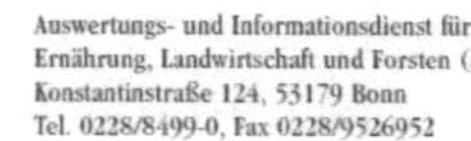

Bundesverband
Die VERBRAUCHER INITIATIVE e.V.
Breite Straße 51, 53111 Bonn
Tel. 0228/7263393, Fax 0228/7263399

Anlage 2

Ergebnisse Suchmaschine google®: Ökologischer Fußabdruck   01.05.2014

Beispielhafte Auswahl

Ökologischer Fussabdruck - bearingpoint.com

Anzeige*www.bearingpoint.com/nachhaltigkeit*

Passt dein Fuß auf diese Erde? Hier kannst du es erfahren ...

www.footprint-deutschland.de/

Daten von Kontinenten und Staaten - Methodik - Bewertung - Ecological Debt Day

Der ökologische *Fußabdruck*: Footprint

*www.mein-**fussabdruck**.at/*

Der ökologische *Fußabdruck*

*www.**fussabdruck**.de/*

WWF Schweiz - Footprint-Rechner

www.wwf.ch › *Start* › *Aktiv werden* › *Besser leben* › *Footprint-Rechner*

Ökologischer Fußabdruck-Test | Brot für die Welt

*www.brot-fuer-die-welt.de/...der.../**oekologischer-fussabdruck**-test.html*

Ökologischer Fußabdruck - BUND

*www.bund.net/ueber_uns/bundjugend/**oekologischer_fussabdruck**/*

Anlage 3

Screen-shot Ergebnis <u>www.footprint-deutschland.de</u>   26.04.2014

Dein Ergebnis

Dein ökologischer Fußabdruck ist 4,97 Hektar. Ein fairer Fußabdruck soll aber nur 1.8 Hektar groß sein. Denn wenn alle deinen Lebensstil haben, benötigen wir 2,76 Erden.

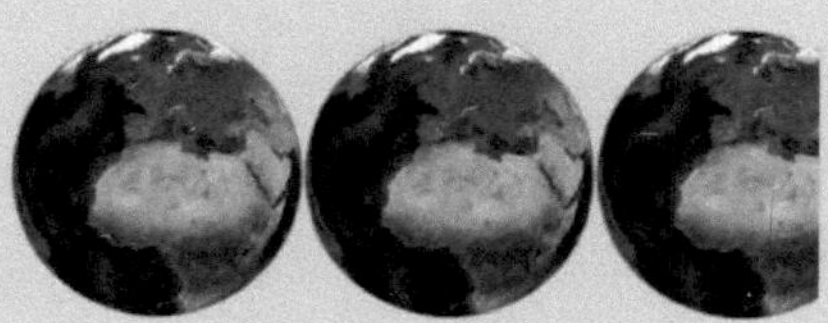

Für deinen Fußabdruck bist du nicht alleine verantwortlich. Deinem Fußabdruck wird auch ein kollektiver Fußabdruck zugeordnet, welcher den Ressourcenverbrauch für den Bau nationaler Infrastruktur zusammenfasst (z.B. Straßen, Krankenhäuser, öffentliche Gebäude). Durch den kollektiven Fußabdruck ist es nicht möglich, in Deutschland einen Ressourcenverbrauch zu haben, der unter den fairen 1,9 Hektar liegt.

Anlage 4

Fair-Trade Produzenten   http://www.fairtrade-deutschland.de/produzenten/   Zugriff am 06.05.2014

Grafik Produzenten-Kooperativen